IDEAL KITCHEN
理想厨房

71道超好吃的芝士美食

グ ラ タ ン レ シ ピ

U0274694

（日）太田静荣·著   侯天依·译

化学工业出版社
·北京·

目　录

芝士美食的基本材料和工具

芝士美食的基本材料和工具

芝士美食是一款极具魅力的菜肴，掌握方法任何人都能轻松做出。
请选用合适的器具、沙司、顶部配料、容器进行烤制。

➤➤ 芝士美食的制作方法

很简单，只需将沙司同钟爱的食材搅拌在一起，再撒上芝士等配料烘烤即可。

食 材		沙 司		顶部配料	

 ＋ ＋ ＝

放入烤箱烘烤完成！

使用培根和蘑菇等味道鲜美的食材。因为放入烤箱中的主要目的是加热，所以要预先将食材翻炒或煮出鲜味，鱼和肉等也要事先去除腥味。

虽然会花点时间，但是自制的沙司还是格外美味一些。灵活运用市面上售卖的番茄罐头和自动食品加工机等，能大大缩短烹饪时间。只要保存适当，什么时候想做芝士美食了，将沙司拿出来便能立刻做出一盘美味来。

在成品表面撒上一层芝士，能使美味升级。芝士本身带有少许咸味，所以在烹饪时记得控制好食盐的用量。此外，面包粉、欧芹、橄榄油和黄油等顶部配料也能增添独特的口感和风味。

➤➤ 芝士美食的烤盘

烤盘的材质一般为陶瓷和玻璃，形状多种多样。做两人份的芝士美食时，建议使用22cm×15cm左右的椭圆烤盘，大小合适，方便使用。

陶瓷制			耐热玻璃制

椭圆烤盘

标准的椭圆形烤盘。可以再准备一些其他大小各异的烤盘，方便使用。家庭聚会时，常常会用到尺寸较大的烤盘。

馅饼烤盘

这种烤盘比较浅，所以烘烤速度快，很适合芝士焗水果和法式咸派风的芝士美食。

法式小盅蛋烤碗

用小巧的烤碗做出来的芝士美食不但美味，而且外形也灵巧可爱。用来作前菜和小吃也不错哦。此外，也可用铝杯烘烤。

透过透明的玻璃能够看到里面层层叠叠的食材，烤出来的芝士美食不但味道美，看在眼里也是勾人食欲的。

part 1

⌄

热气腾腾！美味连连！
经典芝士美食

用白沙司制成的白色芝士美食，如鲜虾芝士焗
通心粉，还有肉酱系列芝士美食，用番茄沙司
制成的红色芝士美食，以及海鲜多利亚饭和洋
葱芝士汤等独特的芝士美食款式。本部分将对
这些热腾腾的人气菜谱一一加以介绍。

白沙司系列

奶油般柔滑的白沙司,与烤得恰到好处的芝士搭配在一起,绝对是什么时候都不过时的美味佳肴。所以,首先介绍用经典白沙司制作的人气菜肴。

鲜虾芝士焗通心粉

口感温和的沙司、弹性十足的虾肉与通心粉，这样的组合实在让人欲罢不能。
再覆上一层黏稠香郁的芝士，更是锦上添花。

1 黑虎虾去壳，去尾，去足，在虾背划口，取出虾线。洋葱切薄片。通心粉煮熟。

3 边加入白沙司和煮好的通心粉，边搅拌，再加入牛奶搅拌。

〖 **材料** 〗 2~3人份

虾（黑虎虾） 6~8尾

洋葱 1/4个

通心粉 50g

食盐、胡椒粉 各少许

白葡萄酒 3大勺

白沙司（如下所示） 200g

牛奶 50ml

披萨用芝士 30g

色拉油 1大勺

2 平底锅内倒入色拉油，小火加热，放入虾仁，翻炒至表面变色。撒食盐、胡椒粉，放入洋葱，继续翻炒至洋葱变软。倒入白葡萄酒，使酒精慢慢挥发完。

4 全部食材充分混合后，盛出装进芝士美食专用器皿中，撒上芝士，放入220℃烤箱内，烤10~15分钟。

白沙司

简单！美味！
白沙司的制作方法

不论是材料还是制作方法，都很简单易操作。所以如果时间充裕，可以多做一些储存起来，方便以后使用。这样就能快速做出芝士美食了！

〖 **材料** 〗 易制作的分量

黄油40g 低筋粉50g 牛奶600~650ml 食盐、胡椒粉各少许

*保存小贴士

装入密闭容器内，可以冷藏保存4~5日，可以冷冻保存2~3周。如果是冷藏，在使用时，请将白沙司和少量牛奶一同倒入锅内，用小火温热。如果是冷冻，要先进行自然解冻，之后再用上述方法温热。

1 锅内放入黄油，小火加热使其熔化，待黄油咕嘟咕嘟冒泡后，加入低筋粉，小火慢慢翻炒，勿使食材变色。

2 粉末感消失后，煮至柔滑，将牛奶分3~4次倒入，边倒入牛奶边搅拌，以防结块。

3 撒食盐、胡椒粉调味，待食材如图所示般柔滑后，便可盛出享用了。

芝士焗培根土豆

在香浓的白沙司里添加适量鲜奶油，让土豆的软糯香甜流连齿间。

《 材料 》 2~3人份

土豆　2个
培根　4片
洋葱　1/4个
食盐、胡椒粉　各适量
白沙司（第7页）200g
鲜奶油　100ml
芝士粉　2大勺
欧芹碎末　适量
黄油　15g

1 土豆洗干净，用保鲜膜包好放入600W微波炉内，加热4分钟，取出。去皮，切半，切成5mm厚的薄片。培根切成2cm宽的片。洋葱切薄片。

2 平底锅内放入黄油，加热至黄油熔化。放入培根、洋葱，翻炒至洋葱变软，撒上少许食盐、胡椒粉。

3 向步骤2内倒入白沙司、鲜奶油，充分混合，煮沸。放入土豆片，撒少许食盐、胡椒粉调味。

4 盛出装进芝士美食专用器皿中，撒上芝士粉、欧芹碎末，放入220℃烤箱内，烘烤10分钟左右。

要点

待白沙司咕嘟咕嘟沸腾后，再放入加热好的土豆片。

《 材料 》 2人份

鸡腿肉　150g

洋葱　1/4个

西蓝花　4朵

食盐、胡椒粉　各少许

白葡萄酒　3大勺

白沙司（第7页）200g

牛奶　50ml

披萨用芝士　30g

色拉油　1大勺

食盐（盐煮用）适量

1 鸡腿肉切成边长2cm的块，洋葱切薄片。西蓝花切半，加盐略煮片刻。

2 平底锅内倒入色拉油，放入鸡腿肉，洋葱，翻炒至鸡肉变色，撒食盐、胡椒粉。倒入白葡萄酒，煮至酒精挥发。

3 向步骤2中倒入白沙司、牛奶，充分混合。盛出装进芝士美食专用器皿中，放上盐煮西蓝花、芝士，放入220℃烤箱内，烘烤10分钟左右。

要点

ⓐ 将白葡萄酒倒在鸡腿肉上，以便入味。再同白沙司和牛奶充分混合。

ⓑ 放上西蓝花，让美食拥有清新亮丽的色彩。再撒上芝士，放入烤箱内。

芝士焗鸡肉

白沙司和鸡肉搭配在一起，堪称绝妙。
在沙司内加入适量牛奶，口感清淡，愈发怡人。

肉酱沙司系列

以番茄为底料的沙司中融入了肉酱的鲜美，不论是搭配蔬菜还是意大利面，都完美得无可挑剔。要不要试着挑战一下千层面这道人气菜肴呢？

芝士肉酱焗茄子

柔软的茄子，融入了肉酱沙司的鲜美。
刚烤好的美食还冒着热气，快趁热享用吧。

〖材料〗 3~4人份

茄子　2根
食盐、胡椒粉　各少许
白葡萄酒　2大勺
肉酱沙司（如下所示）300g
A ├ 白沙司（第7页）50g
　├ 牛奶　1大勺
披萨用芝士　30g
色拉油　2大勺

1

茄子去蒂，纵向切成5mm厚的片。平底锅内倒入色拉油，加热，放入茄子，撒食盐、胡椒粉，均匀煎两面。

3

将1/3量的肉酱沙司倒入芝士美食专用器皿中，将半数的茄子片均匀铺好。再将余下的肉酱沙司的一半浇在茄子上，同理将余下的茄子均匀铺好。按顺序将余下的肉酱、混合均匀的A浇在茄子上。

2

待茄子变软后，淋入白葡萄酒，略微煎一会儿。

4

撒上芝士，放入220℃烤箱内，烘烤15分钟左右。

肉酱沙司

简单！美味！
肉酱沙司的制作方法

牛肉末经过充分翻炒，已鲜香诱人，再浇上红葡萄酒，更加风味宜人。半冰沙司和番茄酱的加入，更能在短短几分钟内，让肉酱沙司爆发出诱人的美味。

〖材料〗 易于制作的分量

牛肉末200g　洋葱1个　大蒜2瓣
食盐、胡椒粉各适量　红葡萄酒
120ml A《番茄（水煮罐头、块状罐头）200g　鸡骨汤料（颗粒、清汤口味）2小勺　半冰沙司(demi-glace sauce)（罐装）1罐（290g）　月桂叶1片　番茄酱3大勺》橄榄油3大勺

*保存小贴士

放入密闭容器内保存。放入冷藏室内，可保鲜4~5日，放入冷冻室内，可保鲜2~3周。

1

将洋葱、大蒜切成末。锅内倒入橄榄油，放入大蒜，小火加热，炒出香味。放入洋葱，翻炒至洋葱变软。

2

放入牛肉末，撒少许食盐、胡椒粉，翻炒至牛肉变色。倒入红葡萄酒，煮沸至酒精挥发。

3

放入A，炖煮10分钟左右，煮至汤汁剩余2/3的量。撒少许食盐、胡椒粉调味。

千层面

如果存有肉酱沙司和白沙司，这道菜肴做起来就变得异常简单了。味道浓郁诱人，用来款待宾客再合适不过了。

按照包装袋上的说明，将千层面用热水煮熟，水中加入适量食盐。用纸巾轻轻吸走水分，在千层面上淋适量橄榄油，以防千层面粘在一起。

将1/3量的肉酱沙司倒入芝士美食专用器皿中，撒1/3量的芝士，倒入一半白沙司，铺上两张千层面。再倒入剩余的白沙司，铺上千层面。

将剩余的肉酱沙司、芝士按顺序均匀放在面上。放入220℃烤箱内，烘烤15分钟左右。盛盘后，撒上欧芹碎末点缀。

《 材 料 》 4人份

千层面（8cm×8cm） 4片
食盐　少许
橄榄油　1大勺
肉酱沙司（第11页）　300g
披萨用芝士　100g
白沙司（第7页）　250g
欧芹碎末　适量

12

菠菜脱脂乳酪千层面卷

将嫩煎的蔬菜卷在千层面里，再浇上肉酱沙司放入烤箱内。烤出来的成品让人耳目一新，前所未见的新鲜美味呈现在眼前。

《 材 料 》 4~5人份

《千层面（8cm×8cm）6片　食盐、橄榄油各少许》
菠菜1束　蟹味菇50g　食盐、胡椒粉各少许　脱脂乳酪100g　肉酱沙司（第11页）适量　鲜奶油3大勺　芝士粉适量橄榄油1大勺

1 按照左侧所述的要领，将千层面煮熟，吸去水分，淋上橄榄油。菠菜切大块，蟹味菇去根，切成1cm长的段。

2 平底锅内倒入橄榄油加热，放入菠菜、蟹味菇，撒食盐、胡椒粉翻炒。盛出，同脱脂乳酪混合。

3 将步骤2中的食材分成六等份，分别卷在千层面内，放入芝士美食专用器皿中摆好。浇上肉酱沙司、鲜奶油，撒上芝士粉，放入220℃烤箱内，烘烤10分钟左右。

番茄沙司系列

沙司内浓缩了番茄的酸甜可口和香味蔬菜的异香，与任何食材搭配起来都美味无比。有时间可以多做一些保存好，这样，下次再做芝士美食时就更加快捷方便了。

芝士番茄焗培根

这道菜的主角是番茄沙司的好搭档——培根。开始要将培根仔细翻炒，直到浓浓的香气飘散开来。

培根切成1cm宽的条。洋葱切薄片，扁豆切成两半。番茄去蒂，去籽，切成大块。蘑菇掰成四块。

倒入番茄沙司，搅拌均匀，煮至汤汁减少。

《 材 料 》 2~3人份

培根（块状） 100g
洋葱 1/4个
扁豆 6根
番茄 1个
蘑菇 3个
食盐、胡椒粉 各少许
白葡萄酒 2大勺
番茄沙司（如下所示） 200g
芝士粉 适量
色拉油 1大勺

平底锅内倒入色拉油，加热，放入培根翻炒，放入步骤1中剩余的食材，加食盐、胡椒粉翻炒。番茄炒碎后，浇入白葡萄酒，略煮片刻。

将步骤3中的食材倒入芝士美食专用器皿中，撒上芝士粉，放入220℃烤箱内，烘烤10分钟左右。

番茄沙司

简单！美味！
番茄沙司的制作方法

水煮罐头中的番茄已经过加工，使用起来简单快捷，且美味可口。将番茄和香味蔬菜一同放入锅内熬干，再放入1块黄油，浓郁倍增，风味更胜。

《 材 料 》 易于制作的分量

番茄（水煮罐头）1罐（400g）洋葱1个 大蒜2瓣 月桂叶1片
食盐、胡椒粉各少许 黄油20g
橄榄油2大勺

*保存小贴士

放入密闭容器内保存。放入冷藏室内，可保鲜4~5日，放入冷冻室内，可保鲜2~3周。

洋葱、大蒜切成碎末。锅内倒入橄榄油，放入大蒜，小火加热，翻炒出香味。放入洋葱，翻炒至洋葱变软。

放入月桂叶、已弄碎的番茄，炖煮至汤汁剩余2/3的量。

撒食盐、胡椒粉调味，放入黄油，稍煮片刻。

特殊芝士美食

在黄油炒饭或肉烩饭上浇白沙司，再用
烤箱烤制出来，这就制成了美味的多利
亚饭。还有洋葱芝士汤，这可是法式小
餐馆里的经典菜肴。虽然会花点工夫，
但亲手做出来的美食，总会有一种别样
的滋味。

海鲜多利亚饭

在米饭里拌入番茄沙司，再加点虾仁、贝类，一盘食材丰盛、量足味美的多利亚饭就呈现在眼前了。

1

虾仁剔除背部虾线，虾夷盘扇贝从中间片成两片，花蛤仔细洗净。

2

平底锅内倒入色拉油，加热，放入虾仁、虾夷盘扇贝，将两面煎好。放入花蛤、白葡萄酒。

3

盖上锅盖，调至小火，煮至花蛤开口。

4

向步骤3中倒入白沙司，充分混合。

5

另取一平底锅，锅内放入黄油，加热至黄油熔化，倒入米饭、番茄沙司，翻炒均匀，撒上食盐、胡椒粉调味。

6

将步骤5中的炒饭盛入芝士美食专用器皿中，在炒饭上均匀铺好步骤4中的食材。撒上芝士、欧芹碎末，放入220℃烤箱内，烘烤10分钟左右。

〖 材料 〗 2人份

虾仁（大） 6尾

虾夷盘扇贝 4个

花蛤（已吐净沙子） 8个

白葡萄酒 2大勺

白沙司（第7页） 200g

米饭 250g

番茄沙司（第15页） 150g

食盐、胡椒粉 各少许

黄油 15g

披萨用芝士 30g

欧芹碎末 适量

色拉油 1大勺

洋葱芝士汤

经过细致地翻炒，洋葱中的甜味与浓香跃然溢出，美味得让人感动。而烤出来的芝士，醇香得让人心荡神驰。

制作炒洋葱。洋葱切细丝，大蒜切碎。

锅内放入黄油，加热至黄油熔化，调至中火，将大蒜、洋葱按顺序放入，翻炒。

水分炒干后，调至小火，炒至洋葱变成如图所示的棕色。

将充分混合的A倒入锅内，搅拌均匀，撒食盐、胡椒粉调味。

将步骤4中的食材倒入耐热容器中，放上一片长棍面包。

撒芝士，放入220℃烤箱内，烘烤7~8分钟。

《 材料 》 2人份

炒洋葱

洋葱	2个
大蒜	1瓣
黄油	30g

Ⓐ
鸡骨汤料（固体） 1/2块
水 300ml

食盐、胡椒粉 各少许
长棍面包（切成1.5cm厚的面包片） 2片
披萨用芝士 适量

* 也可以用市面上售卖的炒洋葱代替。用量为130g左右，之后按照步骤4~6操作即可。

18

作便当！作前菜！

可爱的芝士美食（一）

用法式小盅蛋烤碗做出来的芝士美食，外形小巧，色泽诱人，用来作前菜让人食欲大增。用铝杯做出来的芝士美食，还很适合作便当哦。

芝士土豆焗牛肉罐头

经过细致的翻炒，土豆里吸足了牛肉罐头的鲜美。

《材料》2人份

土豆1个　牛肉罐头1/3罐（约30g）食盐、胡椒粉各少许　鲜奶油2大勺　芝士粉适量　色拉油1/2大勺

1 土豆充分洗净，带皮切细丝。

2 平底锅内倒入色拉油，加热，放入步骤1中的土豆丝、牛肉罐头，充分炒散，撒食盐、胡椒粉翻炒。加鲜奶油，搅拌均匀。

3 将步骤2中的食材放入法式小盅蛋烤碗内，撒上芝士粉，放入220℃烤箱内，烘烤10分钟左右。

芝士蔬菜丝焗萨拉米香肠

萨拉米香肠口味咸香，再配上香草的异香，相得益彰。

《材料》2人份

茄子1根　西葫芦1/2根　萨拉米香肠5cm　Ⓐ《食盐、胡椒粉各少许　牛至碎（干燥）1/2小勺》番茄沙司（第15页）、披萨用芝士各适量　橄榄油1大勺

1 茄子、西葫芦切成火柴棍粗细，萨拉米香肠切细丝。

2 平底锅内倒入橄榄油，加热，放入蔬菜，撒Ⓐ，炒熟。放入萨拉米香肠，充分混合。

3 将步骤2中的食材放入法式小盅蛋烤碗内，放上番茄沙司、芝士，放入220℃烤箱内，烘烤10分钟左右。

芝士胡萝卜焗油渍沙丁鱼

用沙丁鱼罐头做菜便利快捷。这款芝士美食用来作小吃也是非常适合的。

《材料》2人份

胡萝卜1/2根　油渍沙丁鱼1罐（约100g）Ⓐ《芥末粒1小勺　鲜奶油3大勺　芝士粉1/2大勺　食盐、胡椒粉各少许》欧芹碎末适量

1 胡萝卜切细丝，用热水焯3分钟左右。将Ⓐ充分混合，同胡萝卜一起均匀搅拌在一起。

2 将步骤1中的食材、油渍沙丁鱼放入法式小盅蛋烤碗中，撒上欧芹碎末，放入220℃烤箱内，烘烤10分钟左右。

芝士罗勒沙司焗番茄

经过烘烤的番茄，愈发甜香，
落在口中，心满意足。

《 材料 》 2人份

番茄2个　食盐、胡椒粉各少许 Ⓐ
《番茄沙司（第15页）100g　鳀鱼
（切成碎干）2片》 莫扎里拉奶酪适
量　罗勒沙司（第50页）
1大勺　橄榄油1/2大勺

1 番茄去蒂，轻轻去籽，均匀
切成3个圆片。平底锅内倒入
橄榄油，加热，放入番茄片，
撒食盐、胡椒粉，均匀煎熟
两面。

2 将步骤1中的食材放入法式小
盅蛋烤碗内，放上混合均匀
的Ⓐ。撒上撕碎的莫扎里奶
酪、罗勒沙司，放入220℃烤
箱内，烘烤10分钟左右。

* 多汁的番茄同罗勒沙司及莫扎里
拉奶酪搭配在一起，美味得无法
形容。

芝士焗烤莲藕

烤莲藕香脆的口感让吃饭也成
为了一件妙趣横生的事。

《 材料 》 2人份

莲藕150g　培根2片　食盐、胡
椒粉各少许　白葡萄酒2大勺　鲜
奶油3大勺 Ⓐ《芝士粉、面包
粉、罗勒（干燥）各适量》 橄榄
油1大勺

1 将莲藕皮去干净，洗净，切
成5mm厚的半月形片，培根
随意切成小片。

2 平底锅内倒入橄榄油，加热，
放入步骤1中的食材，撒食盐、
胡椒粉，翻炒至全部食材过
油。将白葡萄酒均匀淋入，略
微炖煮片刻，待水分煮干后，
调至大火，继续翻炒。

3 放入鲜奶油，待其变黏稠后，
调至小火，充分搅拌，盛入
法式小盅蛋烤碗内。撒上Ⓐ，
放入220℃烤箱内，烘烤10分
钟左右。

* 这样做出来的莲藕能够充分被培
根的鲜美与浓香所浸润。

芝士菠菜焗虾仁

不仅口感如奶油般丝滑，而且
配料的加入还为菜肴奠定了清
爽的基调。

《 材料 》 2人份

虾仁100g　菠菜1/2把　食盐、胡
椒粉各少许 Ⓐ《白葡萄酒
1大勺　鲜奶油2大勺　柠檬汁1/2
小勺　蒜泥、食盐各少许》 橄榄油
1/2大勺

1 虾仁去除背部虾线，切成3~4
等份。菠菜切成1cm长的小段。

2 平底锅内倒入橄榄油，加热，
放入虾仁，撒食盐、胡椒粉，
略加翻炒。放入菠菜，充分翻
炒。倒入Ⓐ，略微炖煮片刻。

3 将步骤2中的食材放入法式小
盅蛋烤碗内，放入220℃烤箱
内，烘烤10分钟左右。

可爱的芝士美食（二）

芝士美食里汇集了各种食材，只要一口便能遍尝美味。这些芝士美食的制作方法很简单，即使在繁忙的清晨，也可以做一份便当小菜，同样也适合作下酒菜哦。

芝士金枪鱼焗豆腐

温和的口感里包含着浓郁。

《 材 料 》 3~4大份

木棉豆腐❶200g　金枪鱼罐头1/2罐（40g）　低筋粉1大勺　牛奶75ml　食盐、胡椒粉各少许　芝士粉、欧芹碎末各适量　黄油10g

1　木棉豆腐控干水分，弄碎。平底锅内放入黄油，加热至熔化，放入木棉豆腐和金枪鱼，炒干水分，撒上低筋粉勾芡，继续翻炒。

2　加入牛奶，撒上食盐、胡椒粉调味，倒入铝杯中，撒上芝士粉、欧芹碎末。放入烤箱中，烘烤5分钟左右。

蛋黄芝士青葱焗章鱼

章鱼独特的口感和小葱独特的风味，让人欲罢不能。

《 材 料 》 2个份

水煮章鱼腿50g　小葱2根　A《白沙司（第7页）2大勺　蛋黄酱1/2大勺　食盐、胡椒粉各少许》　披萨用芝士适量

1　章鱼须切成1cm的小段，小葱切成葱花。

2　将步骤1中的食材倒入混合均匀的A中，拌好。将食材倒入铝杯中，撒上芝士，放入烤箱内，烘烤5分钟左右。

芝士白菜焗培根

吸足了食材鲜香的白菜，格外美味。

《 材 料 》 2个份

白菜、培根各1片　食盐、胡椒粉各少许　A《酱油、酒各1小勺　鲜奶油1大勺》　芝士粉适量　橄榄油1小勺

1　白菜、培根切成1cm宽的小片。平底锅内倒入橄榄油，加热，放入白菜、培根，撒上食盐、胡椒粉，翻炒至食材变软。

2　向步骤1内倒入A，炒干水分。将食材倒入铝杯中，撒上芝士粉，放入烤箱中，烘烤5分钟左右。

蓝纹奶酪焗竹笋

蓝纹奶酪独特的风味是整道菜的亮点。

《 材 料 》 2个份

水煮竹笋60g　鲜奶油2大勺　蓝纹奶酪10g　面包粉适量　黄油5g

1　竹笋切细丝，加入黄油，翻炒。

2　向步骤1中加入鲜奶油，放入撕碎的蓝纹奶酪混合均匀。将食材倒入铝杯中，撒上面包粉，放入烤箱中，烘烤5分钟左右。

❶ 木棉豆腐：在豆浆中加入卤水使它凝固，然后将其倒入铺有棉布、开孔眼的箱子中，轻轻挤去水分制成的豆腐。其特点是豆腐表面有布纹。

芝士泡菜焗鲑鱼

鲑鱼和酱料的鲜美在口中融合，
达到极致。

〖 材料 〗 2个份

鲑鱼（刺身用，块状）80g　洋葱1/6个　普罗旺斯橄榄
酱（第42页）2大勺　食盐、胡椒粉各少许　芝士粉适量

1 鲑鱼切成边长1cm的块，洋葱切碎。

2 将步骤1中的食材、普罗旺斯橄榄酱调拌均匀，撒上
食盐、胡椒粉调味。将食材倒入铝杯中，撒上芝士
粉，放入烤箱中，烘烤5分钟左右。

芝士辣味蛋黄
焗油炸豆腐

在圆滚滚的豆腐块上，浇一点蛋黄沙司，
恰到好处的辣味让人迷恋。

〖 材料 〗 3~4个份

油炸豆腐1/2块（120g）　洋葱1/6个　Ⓐ《辣味番茄酱1
小勺　蛋黄酱2大勺　欧芹碎末1大勺　蒜泥少许》　披萨
用芝士适量

1 油炸豆腐切成边长1cm的块，放到热水中，煮至温
热，捞出，放入铝杯中。

2 洋葱切碎，同Ⓐ充分混合，浇在步骤1的食材上。撒
上芝士，放入烤箱中，烘烤5分钟左右。

芝士咖喱秋葵焗鸡肉

香辣的味道最能勾起食欲了。

〖 材料 〗 2个份

秋葵4个　鸡肉馅80g　生姜1片　食盐、胡椒粉各少
许　咖喱粉1/2小勺　Ⓐ《酸奶（加糖）、鲜奶油各1大
勺》　芝士粉适量　色拉油1/2大勺

1 秋葵斜向切成五等份。生姜切碎。

2 平底锅内倒入色拉油，加热，放入鸡肉馅、生姜，
撒上食盐、胡椒粉，翻炒至变色。放入秋葵、咖喱
粉，继续翻炒。

3 倒入Ⓐ，搅拌均匀，将食材倒入铝杯中，撒上芝士
粉，放入烤箱中，烘烤5分钟左右。

芝士肉酱沙司焗牛蒡

如果事先储存了肉酱沙司，那
么一下子就能做好了。

〖 材料 〗 2个份

牛蒡1/2根　胡萝卜1/4根　食盐、胡椒粉各少许　肉酱
沙司（第11页）100g　白沙司（第7页）适量　披萨用
芝士、欧芹碎末各适量　橄榄油1/2大勺

1 牛蒡、胡萝卜切细丝。平底锅内倒入橄榄油，加热，
放入牛蒡、胡萝卜，撒上食盐、胡椒粉，翻炒。倒
入肉酱沙司，混合均匀。

2 将步骤1中的食材倒入铝杯中，放上白沙司、芝士、
欧芹碎末，放入烤箱中，烘烤5分钟左右。

* 每道菜品的成品个数，是以底部直径约4cm的铝杯为标准确定的。

芝士的种类

在芝士美食中，芝士既能作顶部配料，又能同沙司混合。
只需稍稍变化一下芝士的种类，便能做出不一样的美味。

① 帕马森干酪

这种干酪制作工艺较复杂，而且整个成熟过程为期两年以上。越成熟的干酪味道越香浓，有着浓浓的牛奶味。而新品也有着自己独特的风味。

② 蓝纹奶酪

这种奶酪的特点是风味浓烈，味道较咸。最具代表性的是戈尔贡佐拉奶酪、罗克福尔干酪、斯蒂尔顿干酪。这种奶酪适合搭配蔬菜等清淡的食材。

③ 莫扎里拉奶酪

这种奶酪味道平和清新，没有异香，还带着淡淡的甜味。口感丝滑，弹性十足，充满魅力。和番茄搭配在一起再好不过了。

④ 披萨用芝士

这种芝士是由数种芝士混合而成的，加热后便会熔化拉丝。切成细条便成了披萨用芝士。因为易于购买且便于使用，很受人们喜爱。

⑤ 脱脂乳酪

以脱脂乳为原料发酵而成的新鲜奶酪。味道清爽不油腻，而且热量很低。经常同浓厚的沙司混合使用，这样就能制出不浓不淡、味道均衡的芝士美食了。

⑥ 切达干酪

切达干酪味道浓醇，质地坚硬。烘烤后会出现独特的香味。最适合同蔬菜、白肉鱼、鸡肉等清淡的食材混合食用了。

⑦ 格吕耶尔干酪

格吕耶尔干酪因奶酪火锅而被人们所熟知，制出来的火锅如奶油般丝滑，又带有缕缕坚果的香甜。同样也可用于芝士美食等需要加热的料理。

⑧ 芝士粉

芝士粉可以说是餐桌上的常客了。不但便于使用，而且和任何食材都能搭配。芝士粉自身便带有淡淡的咸味，能将食材的鲜美充分激发出来。

part 2

⌄

升级！
百变芝士美食

本章中，蔬菜类、海鲜类、肉类、蛋类芝士美食已经整装待发了。除了日式芝士美食以外，本章还收录了咖喱多利亚饭、芝士焗意大利面等自创美食。快来体验世界各地的风情吧。

蔬菜芝士美食

蔬菜经过恰到好处的烘烤后，甜味四溢，让芝士美食格外鲜美。通过变换蔬菜和芝士的种类，还能创造出新的美味呢。快来试试吧。

法式炖菜风芝士焗菜

在熟悉的法式炖菜上，铺展开一层莫扎里拉奶酪，经过恰到好处的烘烤后，一盘色泽鲜艳的芝士美食就呈现在眼前了。

《 材料 》 2人份

茄子　1根
西葫芦　1/3根
洋葱　1/4个
灯笼椒（黄）　1/2个
百里香（干燥）　1小勺
番茄（水煮罐头）　1/2罐（200g）
鸡骨汤料（颗粒，清汤口味）　1小勺
食盐、胡椒粉　各适量
莫扎里拉奶酪（捏碎）　50g
橄榄油　1½大勺

1 将蔬菜全部切成边长1.5cm的大块。

2 平底锅内倒入橄榄油，加热，放入步骤1中的食材，撒少许食盐、胡椒粉，翻炒至全部食材过油。放入百里香、弄碎的番茄罐头、鸡骨汤料，充分混合煮沸，盖上盖子，炖煮2分钟左右。

3 蔬菜变软后，撒少许食盐、胡椒粉调味，将食材倒入芝士美食专用器皿中，撒上莫扎里拉奶酪，放入烤面包机或者220℃烤箱内，烘烤10分钟左右。

要点

ⓐ先翻炒蔬菜，待全部食材过油后，再放入番茄。
ⓑ芝士选用莫扎里拉奶酪，这种奶酪同番茄搭配在一起，极为美味。

脱脂乳酪南瓜焗火腿

南瓜的甜味和脱脂乳酪淡淡的酸味搭配在一起，堪称绝妙。

《 材料 》 2人份

南瓜（净重）　150g
火腿（厚片）　70g
食盐、胡椒粉　各少许
鲜奶油　50ml
脱脂乳酪　50g
百里香叶片　适量
橄榄油　1大勺

1 南瓜切成5mm厚的片，均匀平整地放入耐热器皿中，放入600W的微波炉中加热2~3分钟。火腿切成易于食用的大小。

2 平底锅内倒入橄榄油，加热，放入步骤1中的食材，撒食盐、胡椒粉，翻动食材，使两面略微煎好。

3 将步骤2中的食材倒入芝士美食专用器皿中，倒入鲜奶油，撒上脱脂乳酪、百里香叶片，放入220℃烤箱内，烘烤10分钟左右。

芝士土豆泥焗肉末

经过翻炒的肉末和奶油般黏糯的土豆泥，经过烘烤，就变成了一道美味的法式家常菜。醇厚的口感在唇齿间蔓延。

1

土豆洗干净，包好后放入600W的微波炉中，加热5分钟，取出，去皮，捣碎。

4

平底锅内倒入色拉油，加热，放入洋葱，翻炒至洋葱变软。加入牛肉末，炒散，撒少许食盐、胡椒粉，放入肉豆蔻粉翻炒。

2

将步骤1中的食材放入锅内，调至小火，按顺序加入 Ⓐ 。

5

放入欧芹碎末、鸡骨汤料，撒少许食盐、胡椒粉调味。

《 材 料 》 3~4人份

土豆　2~3个

Ⓐ
- 牛奶、鲜奶油　各100ml
- 黄油　20g
- 食盐　1/2小勺

牛肉末　200g

洋葱（切碎末）　1/2个

肉豆蔻粉　少许

欧芹碎末（干燥）　1大勺

鸡骨汤料（颗粒，清汤口味）　1小勺

芝士粉　2大勺

食盐、胡椒粉　各适量

色拉油　1/2大勺

3

如图所示，将食材充分混合，搅拌至黏稠。

6

将步骤5中的食材倒入芝士美食专用器皿中，再铺上步骤3中的土豆泥，撒上芝士粉，放入220℃烤箱内，烘烤15分钟左右。

芝士金枪鱼沙司焗芦笋

水灵灵的芦笋和浓醇的金枪鱼沙司也是极其般配的。

《材料》 2人份

鲜芦笋（粗） 4根
食盐、胡椒粉 各少许
色拉油 少许
洋葱 1/2个
低筋粉 1½大勺

A 金枪鱼罐头 1小罐（80g）
A 牛奶 150ml
披萨用芝士 适量
粗磨胡椒（黑） 适量
黄油 15g

1 鲜芦笋削掉根部，用削皮器削去坚硬的部分，切半。平底锅内倒入色拉油，加热，撒食盐、胡椒粉翻炒，加入少量的水（额外准备适量），盖上盖子，蒸煮片刻。盛出，沥干水分。

2 洋葱切细丝。平底锅内放入黄油，加热使其熔化，放入洋葱，翻炒至洋葱变软。撒上低筋粉，继续翻炒，倒入A，煮熟。

3 将步骤2中的食材放入自动食品加工机中，搅拌至糊糊状。倒入芝士美食专用器皿中，撒上足量芝士、粗磨胡椒，放入220℃烤箱内，烘烤8~10分钟。

要点

待洋葱和低筋粉融为一体后，将金枪鱼罐头全部倒入锅内，再倒入牛奶，加热。煮至黏稠，再按照图片所示，将食材倒入自动食品加工机内搅拌。

芝士胡萝卜焗菜花

蔬菜和培根经过细致的翻炒，鲜香四溢。

《 材料 》 **2人份**

菜花　1/3个

胡萝卜　1/2根

洋葱　1/4个

培根　2片

Ⓐ 食盐、胡椒粉　各少许

牛至（干燥）　1小勺

鲜奶油　100ml

食盐、胡椒粉　各少许

披萨用芝士或格吕耶尔干酪　适量

橄榄油　1大勺

1 菜花每一朵切成3~4等份，胡萝卜切细丝，洋葱切碎，培根切碎。

2 平底锅内倒入橄榄油，加热，放入步骤1中的食材，撒上 Ⓐ，翻炒至洋葱变软。倒入鲜奶油，煮至咕嘟咕嘟冒泡后，撒食盐、胡椒粉调味。

3 将食材倒入芝士美食专用器皿中，撒上披萨用芝士或格吕耶尔干酪，放入220℃烤箱内，烘烤10~12分钟。

要点

先将食材同鲜奶油一同煮好，再撒上芝士烘烤，这样做出来的芝士美食味道更加浓醇。

芝士焗蘑菇

放入三种蘑菇，再往以鲜奶油为主的沙司上撒点芝士，放入烤箱烘烤即可。
这款芝士美食简单易做，充分保留了蘑菇沙司的原汁原味。

《 材料 》 2人份

蘑菇沙司

蟹味菇　100g

金针菇　50g

杏鲍菇　2根

洋葱　1/4个

食盐、胡椒粉　各少许

白葡萄酒　2大勺

低筋粉　2大勺

牛奶　200ml

Ⓐ 鲜奶油　2大勺
鸡骨汤料（颗粒，清汤口味）　2小勺

黄油　20g

芝士粉、欧芹碎末　各适量

1 制作蘑菇沙司。蟹味菇去根，
一个个地掰开。金针菇切掉
根，切成1cm长的段。杏鲍
菇切成3cm长的棒。洋葱切
细丝。

2 平底锅内放入黄油，加热熔
化，放入步骤1中的食材，撒
食盐、胡椒粉，翻炒至洋葱变
软。倒入白葡萄酒、低筋粉，
翻炒均匀。

3 倒入牛奶，煮沸，再煮3分钟
左右，倒入Ⓐ，混合均匀。

4 将食材倒入芝士美食专用器皿
中，撒上芝士粉、欧芹碎末，放
入220℃烤箱内，烘烤7~8分钟。

要点

蘑菇用黄油充分翻炒好，再倒
入白葡萄酒入味。然后在半成
品上倒入鲜奶油，一锅口感温
和的沙司就做好了。

变化

芝士蘑菇沙司焗烤鲑鱼

将柔滑的沙司浇在鲑鱼上烘烤，烤出来的
美食松软鲜香。

《 材料 》 2人份

《鲑鱼（刺身用）1鱼段　食盐、胡椒粉
各少许　蘑菇沙司（如左所述）适量　Ⓐ
《面包粉1大勺　罗勒（干燥）2/3小勺》
芝士粉适量　橄榄油适量

1 鲑鱼切半，撒上食盐、胡椒粉。平
底锅内倒入1/2大勺橄榄油，调至大
火，放入鲑鱼，煎至两面金黄。

2 将步骤1中的食材倒入耐热器皿
中，加入蘑菇沙司、混合均匀的
Ⓐ、芝士粉、少许橄榄油，放入烤
炉中适当烘烤片刻。或者将食材放
入220℃烤箱内，烘烤7~8分钟。

芝士黄油沙司焗蘑菇

面包粉松脆的口感和甜香的味道，
让菜肴锦上添花。

要点

在面包粉中混入芝士粉和欧芹碎末。在大蒜和黄油的风味充分渗入蘑菇中之后，撒上混合均匀的面包粉，愈发醇香。

《 材 料 》 2人份

鲜冬菇　8个

洋葱　1/2个

大蒜　1瓣

食盐、胡椒粉　各少许

白葡萄酒　2大勺

A {
面包粉　1½大勺

芝士粉、欧芹碎末　各1大勺
}

橄榄油　1大勺

黄油　30g

1 鲜冬菇去根。洋葱切碎，大蒜切碎。

2 平底锅内倒入黄油，加热熔化，放入洋葱、大蒜，翻炒至洋葱变软。放入鲜冬菇，撒食盐、胡椒粉，翻炒片刻。倒入白葡萄酒，搅拌均匀。

3 将步骤2中的食材倒入芝士美食专用器皿中，加入混合均匀的 A、橄榄油，放入220℃烤箱内，烘烤7~8分钟。

芝士肉酱煎蛋焗红豆

黏稠的鸡蛋覆在辛辣的豆子上，混合有度。

《 材 料 》 2人份

红豆（水煮） 100g

肉酱沙司（第11页） 200g

辣椒粉 1/2小勺

鸡蛋 2个

披萨用芝士 20g

煎炸油 适量

1 锅内放入肉酱沙司、红豆、辣椒粉，充分混合，煮温热后，盛入芝士美食专用器皿中。

2 向160~170℃的煎炸油中轻轻打入鸡蛋，煎至半熟。

3 将步骤2覆在步骤1的食材上，撒上芝士，放入220℃烤箱内，烘烤5~6分钟。

要点

先将鸡蛋打在小碗里，再轻轻地倒入锅里，这样蛋液就不会飞溅。将锅倾斜，让蛋液流到一侧，用勺子调整鸡蛋的形状，防止鸡蛋散开。

蔬菜杯式芝士美食

这种芝士美食的特点就在于用蔬菜代替器皿。这样做出来的芝士美食，不但能保存食材的美味，视觉上也焕然一新。快挑选应季蔬菜来试试吧。

《 材 料 》 2人份

番茄　2个
洋葱　1/4个
西葫芦　1/4根
大蒜　1瓣
食盐、胡椒粉　各少许
罗勒　适量
莫扎里拉奶酪　50g
橄榄油　1/2大勺

1 番茄去蒂，在上面1cm左右的地方，横切一刀，挖出番茄的瓤。洋葱、西葫芦切成边长7~8mm的块，大蒜切成碎末。

2 平底锅内倒入橄榄油，加热，放入大蒜，翻炒出香味。放入洋葱、西葫芦、番茄瓤，撒食盐、胡椒粉调味，翻炒至水分蒸发。

3 将步骤2中的食材盛入杯子状的番茄内，放上切碎的罗勒、切成小块的莫扎里拉奶酪。放入220℃烤箱内，烘烤15分钟左右。可根据个人喜好浇上罗勒沙司（第50页）。

番茄杯芝士焗菜

要点

将翻炒出甜味的蔬菜塞到番茄中，填满。再放上莫扎里拉奶酪和罗勒碎末，呈现出圆滚滚的可爱姿态。

甜美多汁的番茄躲藏在芝士之下，显得格外诱人。再放上适量罗勒沙司，别致的佳肴就登场了。

《 材 料 》 **2人份**

灯笼椒（红、黄） 各1个

洋葱 1/2个

虾仁 8尾

鲜芦笋 3~4根

食盐、胡椒粉 各少许

白沙司（第7页） 100g

披萨用芝士 20g

面包粉 适量

橄榄油 1大勺

1 灯笼椒纵向切半，去籽，放入220℃烤箱内，烘烤10分钟左右。

2 洋葱切细丝。剔除虾仁背部的虾线，切成三等份。鲜芦笋切成1cm长的小段。

3 平底锅内倒入橄榄油，加热，放入步骤2中的食材，撒食盐、胡椒粉，炒熟。倒入白沙司，充分混合。盛出放进步骤1中的灯笼椒内。放上芝士、面包粉，放入220℃烤箱内，烘烤7~8分钟。

要点

翻炒至虾仁变色后，放入白沙司，充分混合。这样做出来的虾仁弹性十足。最后再将食材一同放入灯笼椒内烘烤。

灯笼椒杯芝士焗菜

光是看在眼里，就觉得美味至极。

在第一次烘烤过后，灯笼椒内的水分蒸发，而鲜美的味道却得到了浓缩。

冬菇杯芝士焗菜

将白沙司恰到好处地与金枪鱼和蛋黄酱融合在一起。
让冬菇的鲜美，更上一层楼。

《 材 料 》 2~3人份

鲜冬菇（大） 6个

食盐、胡椒粉、低筋粉 各少许

大葱 1/2根

A

金枪鱼罐头 1小罐（80g）

白沙司（第7页） 80g

蛋黄酱 2大勺

酱油 1小勺

芝士粉 适量

1 鲜冬菇去除根，撒上食盐、胡椒粉、低筋粉。

2 大葱横切成薄片，放入 A 中，充分混合。

3 将步骤2中的食材分成六等份，均匀放入步骤1中的冬菇盖内，撒上芝士粉，放入220℃烤箱内，烘烤10~15分钟。

要点

ⓐ在冬菇盖内撒上低筋粉，以便后期食材能粘在一起。使用滤茶器可以让粉撒得更均匀。
ⓑ在半成品上撒上芝士粉，不但能增添浓香，还能添加些许咸味。

《 材料 》 3~4人份

茄子　3根

培根　3片

番茄沙司（第15页）　100g

披萨用芝士　适量

红辣椒粉　少许

橄榄油　3~4大勺

1　茄子去蒂，切除尖部，剩余部分切成三等份。按照"要点"中介绍，挖出茄子瓤，弄成杯子状，放在耐热器皿内。

2　培根切成1cm宽的条。平底锅内倒入一半橄榄油，放入培根，茄子瓤，翻炒至食材变软。盛出，均匀地塞进茄子杯内。按顺序放上番茄沙司、芝士、剩余的橄榄油、红辣椒粉。放入220℃烤箱内，烘烤10分钟左右。

要点

ⓐ在茄子的断面上用刀划十字切口，再用勺子将茄子瓤挖出。

ⓑ撒上适量红辣椒粉，不但增添了一种别样的风味，也让色彩更加艳丽动人。

茄子杯芝士焗菜

茄子、培根、番茄沙司，史上最强组合登场。
用来制作冷盘也是个不错的选择哦。

Gratin Recipe

39

[part 2]

日式风味芝士美食

蔬菜

味噌、小杂鱼、明太鱼子等日式调味料和蔬菜搭配在一起。总觉得有一种熟悉的味道在这款芝士美食中慢慢散发出来。

芝士白味噌焗大葱杂鱼

没有白沙司，也能做出一盘浓香四溢的芝士美食。即使蔬菜和低筋粉在锅中翻炒，只需再加入一点牛奶即可。

《 材 料 》 2人份

大葱 2根	白味噌 1大勺
小杂鱼干 20g	食盐、胡椒粉 各少许
低筋粉 2大勺	芝士粉 适量
牛奶 200ml	黄油 20g

1 大葱切成1.5cm长的小段。小杂鱼干放到平底锅内干炒。

2 平底锅内放入黄油，加热，待黄油熔化后，放入大葱，翻炒至大葱变软。撒上低筋粉，翻炒均匀。加入牛奶、白味噌，充分混合。撒食盐、胡椒粉调味。

3 将步骤2中的食材倒入芝士美食专用器皿中，撒上小杂鱼干、芝士粉，放入220℃烤箱内，烘烤5~6分钟。

要点

白味噌本身带着一股极其优雅的香甜，再同锅内的食材混合在一起，更是给人回味无穷的美好体验。

芝士山药焗明太鱼子

山药既作食材又作沙司。明太鱼子则作为点睛之笔，不但提供了鲜香和辣味，还提供了鲜亮的色彩。

《 材 料 》 2人份

山药　　10cm	明太鱼子　　1/2块
菠菜　　3~4捆	披萨用芝士　　20g
牛奶　　250ml	黄油　　15g
食盐、胡椒粉　各少许	

1 山药去皮，取一半的量擦成丝，剩下的一半则乱刀切成小块。菠菜切成4~5cm的小段。

2 平底锅内放入黄油，加热至黄油熔化，放入山药块翻炒，倒入牛奶，待山药变软后，调至小火炖煮。放入菠菜、擦成丝的山药，用木铲等将食材搅拌均匀、黏稠，加热，撒食盐、胡椒粉调味。

3 将步骤2中的食材倒入芝士美食专用器皿中，捞出薄皮，撒上明太鱼子、芝士，放入220℃烤箱内，烘烤8分钟左右。

要点

将乱刀切成的山药块炖软后，再放入擦成丝的山药。在半成品上，放上明太鱼子和芝士，再放入烤箱内烘烤。

芝士味噌番茄焗多春鱼

《 材 料 》 2~3人份

多春鱼 10条	鲜奶油 50ml
洋葱 1/4个	Ⓐ 味噌 1大勺
番茄 1个	甜料酒 1/2大勺
大蒜 1瓣	粗磨胡椒（黑） 少许
小葱 2棵	黄油 15g
披萨用芝士 20g	

这是一款以多春鱼为主要食材、综合了日式和西式特点的芝士美食。多春鱼整齐有序地摆在一起，看起来充满了食欲。

1 洋葱切碎。番茄去蒂，去籽，切成边长1cm的小块。大蒜切碎。小葱切成小圆环。

2 平底锅内放入黄油，加热至黄油熔化，放入洋葱、大蒜，翻炒至洋葱变软。放入番茄，略微翻炒片刻。放入Ⓐ，使味噌溶化。

3 将多春鱼摆在芝士美食专用器皿中，浇上步骤2中的食材，撒上芝士、粗磨胡椒、小葱，放入220℃烤箱内，烘烤5分钟左右。

要点

在柔和的沙司里加入味噌，做出来的菜品愈发浓郁独特。

芝士紫菜焗花蛤

夹起一块，放入口中，感觉整个海岸线的鲜美，柔柔地在唇齿间蔓延。

《 材料 》 2人份

花蛤	洋葱　1/4个	紫菜（泡软）　1½大勺（40g）
A（洗净沙子）　250g	蟹味菇　50g	白沙司（第7页）　150g
大蒜（切末）　1瓣	培根　2片	B 牛奶　50ml
白葡萄酒　50ml	食盐、胡椒粉　各少许	披萨用芝士　10g
		色拉油　1大勺

1 平底锅内放入 Ⓐ，盖上盖子，加热炖煮。待花蛤开口后，盛出。剥掉花蛤壳，将蛤肉放入煮汁中。

2 洋葱切细丝，蟹味菇去除根部，掰开。培根切成5mm宽的条。

3 平底锅内倒入色拉油，加热，放入步骤2中的食材，翻炒至食材变软，放入 Ⓑ，再放入步骤1中的煮汁和蛤肉，充分混合。撒食盐、胡椒粉调味。

4 将步骤3中的食材倒入芝士美食专用器皿中，放上紫菜，撒上芝士，放入220℃烤箱内，烘烤8~10分钟。

要点

紫菜风味独特，摆入器皿中时，注意留有间隔。

生姜烧和鸡肉肉松等都是常见的日式美味。把这些经典的菜品做成芝士美食，也能收获意外的惊喜。

日式芝士胡萝卜焗猪肉

配着米饭吃，也很不错哦。

生姜烧的独特风味，和蛋黄酱、芝士搭配在一起，很是美妙。

《 材 料 》 3~4人份

猪肉（切成碎块） 120g	酱油、甜料酒、
洋葱 1/4个	酒 各1½大勺
牛蒡 1/2根	A 砂糖 2小勺
胡萝卜 1/3根	生姜（切末） 1片
食盐、胡椒粉 各少许	小葱葱花 适量
披萨用芝士、	色拉油 1大勺
蛋黄酱 各适量	

1 洋葱切细丝。牛蒡去皮，斜削成小薄片。胡萝卜斜削成小薄片。

2 平底锅内倒入色拉油，加热，放入猪肉，撒上食盐、胡椒粉，翻炒至猪肉变色。放入步骤1中的食材，炒熟。加入 Ⓐ，迅速搅拌均匀。

3 将步骤2中的食材倒入芝士美食专用器皿中，放上芝士、蛋黄酱，撒上小葱葱花，放入220℃烤箱内，烘烤10分钟左右。

要点

猪肉和蔬菜调出甜辣味后，倒入芝士美食专用器皿中。放上芝士和蛋黄酱，最后再点缀上小葱葱花。

芝士肉松焗水煮蛋

味道柔和的鸡肉肉松沙司，将半熟的鸡蛋切开，一边搅拌一边享用吧。

《 材 料 》 2人份

鸡肉馅　150g	低筋粉　2大勺
鸡蛋　2个	牛奶　200ml
洋葱　1/2个	面包粉、芝士粉　各适量
豌豆　6根	黄油　10g
食盐、胡椒粉　各少许	

1 锅内放入鸡蛋，加水，刚好没过鸡蛋。加热8分钟，捞出，剥掉蛋壳。洋葱切碎，豌豆去筋。

2 平底锅内放入黄油，加热至熔化，放入洋葱，翻炒至洋葱变软。放入鸡肉馅、豌豆，翻炒至鸡肉馅变色。撒上食盐、胡椒粉。

3 撒上低筋粉勾芡，放入牛奶，搅拌至黏稠。将食材倒入芝士美食专用器皿中，摆上水煮蛋。撒上面包粉、芝士粉，放入220℃烤箱内，烘烤10分钟左右。

要点

将肉松沙司倒在盘子里，轻轻按入水煮蛋。

Gratin Recipe

45

鱼类和贝类芝士美食

这些都是精选出来的、用鲜美的海鲜做出来的料理。首先要将海鲜嫩煎一下，再放入烤箱内烘烤。注意不要烤得过久。

芝士虾仁焗牛油果

虾仁和牛油果这对黄金搭档，总是能搭配出诱人的美味。加热后的牛油果不但柔软清新，色泽也很好看。

46

《 材料 》 2人份

虾仁（大） 6尾

牛油果 1个

洋葱 1/4个

食盐、胡椒粉 各少许

Ⓐ 鲜奶油 2大勺

蛋黄酱 2大勺

鸡蛋（取蛋黄） 1个

芝士粉 1大勺

橄榄油 1/2大勺

1 虾仁剔除背部虾线，牛油果对半切开，去核，剥掉皮，切成六等份。洋葱切细丝。

2 平底锅内倒入橄榄油，加热，放入虾仁、洋葱，撒食盐、胡椒粉翻炒。放入牛油果，略过一下火。

3 将步骤2中的食材倒入芝士美食专用器皿中，放入混合好的Ⓐ，撒上芝士粉，放入220℃烤箱内，烘烤8分钟左右。

要点

鲜奶油、蛋黄酱、蛋黄混合而成的沙司浓厚醇香，为美食增添了一股浓郁之味。

芝士鳕鱼焗土豆

在用黄油翻炒鳕鱼和土豆片的同时，沙司也做好了。

《 材料 》 2~3人份

鲜鳕鱼 2鱼段 　　牛奶 150ml

土豆（大） 1个 　　披萨用芝士 30g

食盐、胡椒粉 各少许 　　欧芹碎末 适量

低筋粉 1½大勺 　　黄油 20g

水 100ml

Ⓐ鸡骨汤料

（颗粒，清汤口味） 1小勺

1 鲜鳕鱼去除鱼皮、鱼刺，切成四等份。土豆带皮切成薄圆片。

2 平底锅内放入黄油，加热至黄油熔化，放入步骤1中的食材，撒食盐、胡椒粉翻炒。炒熟后撒上低筋粉，充分混合。加入Ⓐ，炖煮5分钟左右。

3 加入牛奶，充分混合至黏稠，将食材倒入芝士美食专用器皿中，撒上芝士、欧芹碎末，放入220℃烤箱内，烘烤10分钟左右。

芝士普罗旺斯橄榄酱焗剑鱼

在清淡的剑鱼肉上，浇一点浓醇的橄榄酱，
立刻就有了丰盈饱满的味道。

《 材 料 》 2人份

剑鱼　2鱼段
番茄　1个
食盐、胡椒粉　各少许
番茄沙司（第15页）150g
普罗旺斯橄榄酱
（如下所述）2大勺
芝士粉　适量
橄榄油　1大勺

1 剑鱼切半。番茄去蒂，均匀切成4个圆片。

2 平底锅内倒入橄榄油，加热，放入步骤1中的食材，撒食盐、胡椒粉，煎至剑鱼表面金黄。

3 将番茄和剑鱼交错摆在芝士美食专用器皿中，按顺序浇上番茄沙司、普罗旺斯橄榄酱，再撒上芝士粉，放入220℃烤箱内，烘烤10分钟左右。

要点

用橄榄油煎剑鱼时，剑鱼会变得柔软蓬松。注意不要翻面，不要煎得过久。

普罗旺斯橄榄酱

简单！美味！
普罗旺斯橄榄酱的制作方法

只需将这些食材放到自动食品加工机里，搅拌均匀即可，简单快捷。除了剑鱼以外，鲑鱼、虾仁、花蛤也是不错的选择。

《 材 料 》 易于制作的分量

黑橄榄（无核）25粒（160g）　盐渍鳀鱼
3片　刺山柑1小勺　大蒜1瓣　橄榄油80ml

*保存小贴士
装入密闭容器内，可以冷藏保存4~5日，也可以冷冻保存2~3周。

将全部食材放入自动食品加工机内，榨至柔滑。

芝士洋葱焗鲑鱼

鲑鱼的鲜美里透着恰到好处的咸味，再配上浓厚的芝士沙司，味道极妙。

〖 **材 料** 〗 **2人份**

熏咸鲑鱼（已切好的鱼片） 100g

洋葱 1个

Ⓐ 牛奶 100ml
鸡骨汤料
（颗粒，清汤口味） 1小勺

奶油干酪 50g

欧芹碎末 适量

黄油 15g

1 洋葱纵向切半，垂直纤维的方向，切成1cm宽的条。平底锅内放入黄油，加热至黄油熔化，放入洋葱，翻炒至洋葱变透明。倒入Ⓐ，炖煮3分钟左右。放入奶油干酪，熔化。

2 将步骤1中的食材均匀分成两份，倒入芝士美食专用器皿中，摆上熏咸鲑鱼，撒上欧芹碎末，放入220℃烤箱内，烘烤5分钟左右。

要点

ⓐ在以牛奶为主的沙司里，放入奶油干酪，加热使其熔化，浓郁香醇的味道立刻就散发出来了。

ⓑ使用加工好的产品，能大大缩短做芝士美食的时间。

芝士番茄沙司焗蔬菜竹荚鱼

青背鱼和番茄沙司是一对好搭档。五颜六色的蔬菜搭配在一起，光看在眼里，就觉得美味。

《 材料 》 2~3人份

竹荚鱼　2条
食盐　少许
洋葱　1/4个
西葫芦　1/2根
灯笼椒（黄）　1/2个
番茄沙司（第15页）　180g
A ┌ 面包粉　1大勺
　│ 芝士粉　1/2大勺
　└ 大蒜粉　1/2小勺
欧芹碎末　适量
食盐、胡椒粉　各适量
橄榄油　适量

1　竹荚鱼刮去棱鳞，片成3片，撒上食盐，静置片刻，用纸巾吸干水分。

2　洋葱、西葫芦切成边长5mm的小块。灯笼椒去蒂，去籽，切成边长5mm的小块。

3　平底锅内倒入少许橄榄油，加热，放入步骤2中的食材，撒上少许食盐、胡椒粉，粗略翻炒。倒入番茄沙司，充分混合。倒入芝士美食专用器皿中铺满。

4　在步骤3的芝士美食器皿中，摆上竹荚鱼，撒上少许食盐、胡椒粉，混合均匀的 A 、欧芹碎末、2大勺橄榄油。放入220℃烤箱内，烘烤8~10分钟。

要点

在片好的竹荚鱼肉上，撒适量食盐，静置片刻。将纸巾盖在上面，不但能吸走水分，还能去除腥味。

芝士西葫芦焗鲑鱼

鲑鱼和蔬菜错落有致地摆在一起，一绿一红，烤好的样子实在可爱。

《材料》 2人份

鲑鱼　2鱼段
食盐、胡椒粉　各少许
西葫芦　1根
莫扎里拉奶酪　50g
A ┤ 大蒜（切末）　1瓣
　├ 面包粉　3大勺
橄榄油　适量

1 鲑鱼去除鱼皮，剔除鱼刺，每段鱼切成4~5等份，撒上食盐、胡椒粉。西葫芦切成圆形薄片。

2 平底锅内倒入适量橄榄油，加热，放入鲑鱼，略微煎一下表面即可，盛出。放入西葫芦，略微嫩煎。

3 将步骤2中的鲑鱼和西葫芦交错摆在芝士美食专用器皿中，撒上撕碎的莫扎里拉奶酪以及充分混合的 A ，浇上1大勺橄榄油，放入220℃烤箱内，烘烤8~10分钟。

要点

在半成品上撒一些大蒜风味的面包粉。再浇上橄榄油，放入烤箱内烘烤。几分钟之后，一盘风味独特的香脆芝士美食就做好了。

芝士香草焗沙丁鱼

番茄的酸味能充分激发出沙丁鱼的鲜香。
听说配着红酒，吃起来更有情调。

〖 材 料 〗 2人份

沙丁鱼　4条
食盐　少许
大蒜（捣碎）　1瓣
食盐、胡椒粉　各少许
番茄沙司（第15页）100g

A
迷迭香（干燥）　2小勺
面包粉　1大勺

橄榄油 适量

1 沙丁鱼片成3片，撒上食盐，静置片刻。用纸巾拭去表面水分。

2 平底锅内倒入1大勺橄榄油，放入捣碎的大蒜，加热，翻炒出香味，盛出大蒜，放入沙丁鱼，撒食盐、胡椒粉，煎至两面金黄。

3 将沙丁鱼盛入芝士美食专用器皿中，浇上番茄沙司、充分混合的 A，以及适量橄榄油，放入220℃烤箱内，烘烤8~10分钟。

要点

撒上混有迷迭香的面包粉后，
不但能淡化沙丁鱼的鱼腥味，
还能增添一份清香。

芝士焗牡蛎

弹性十足的牡蛎和风味十足的芝士粉搭配在一起。两种独特的口感在口中邂逅。

《 材料 》 2~3人份

牡蛎　400g

Ⓐ 食盐、胡椒粉　各少许

低筋粉　适量

鲜奶油　50ml

芝士粉　适量

欧芹碎末　适量

黄油　15g

1 将牡蛎洗净，沥干水分，撒上食盐、胡椒粉，轻轻裹上一层低筋粉。

2 平底锅内放入黄油，加热至黄油熔化，放入步骤1中的食材，调至大火，略煎片刻。放入鲜奶油，搅拌均匀。

3 将步骤2中的食材倒入芝士美食专用器皿中，撒上芝士粉、欧芹碎末，放入220℃烤箱内，烘烤7~8分钟。

要点

将牡蛎略煎片刻，将鲜味锁住，再加入鲜奶油，充分包裹。

芝士大头菜焗虾夷盘扇贝

厚实饱满的虾夷盘扇贝很鲜美，同黄油搭配在一起，愈加浓郁。

大头菜里渗入了扇贝的鲜味，也变得多汁可口了。

〖 材料 〗 2人份

虾夷盘扇贝　6个

大头菜　2个

洋葱　1/4个

食盐、胡椒粉　各适量

鲜奶油　80ml

酱油　少许

A ｜ 面包粉、芝士粉　各1大勺
　｜ 欧芹碎末（干燥）　1/2大勺
　｜ 大蒜（切末）　1瓣

黄油　20g

1　大头菜去皮，切半，切细丝。洋葱切细丝。

2　平底锅内放入一半量的黄油，加热至熔化，放入虾夷盘扇贝，撒少许食盐、胡椒粉，调至大火，嫩煎至两面金黄，盛出。

3　平底锅内放入剩余黄油，加热至熔化，放入步骤1中的食材，撒少许食盐、胡椒粉，翻炒至洋葱变得透明。放入鲜奶油，略微炖煮片刻，放入步骤2中的食材，倒入酱油，轻轻搅拌。

4　将步骤3中的食材倒入芝士美食专用器皿中，撒上充分混合好的 A，放入220℃烤箱内，烘烤10分钟左右。

要点

酱油是提味佐料。让奶油般的沙司味道更加浓醇。

芝士焗章鱼罗勒沙司

两种沙司同诱人的烤汁混合在一起，让这款芝士美食鲜美多汁。

《 **材 料** 》 **2人份**

水煮章鱼须　200g

西芹　1/2根

灯笼椒（黄）　1/2个

食盐、胡椒粉　各少许

圣女果　6个

番茄沙司（第15页）　100g

罗勒沙司（如下所示）　1⅓大勺

芝士粉　适量

橄榄油　1大勺

1 章鱼须切成1.5cm的小段。西芹去筋，斜向切薄片。灯笼椒去蒂，去籽，切成边长1.5cm的小块。圣女果去蒂。

2 平底锅内倒入橄榄油，加热，放入步骤1中的食材，撒上食盐、胡椒粉，翻炒。

3 将步骤2中的食材倒入芝士美食专用器皿中，摆上圣女果。按顺序浇上番茄沙司，罗勒沙司，撒上芝士粉，放入220℃烤箱内，烘烤10分钟左右。

要点

ⓐ翻炒至章鱼溢出香味，蔬菜的甜味溢出。

ⓑ在番茄沙司上面浇上一层罗勒沙司，不但能营造出清新的风味，还能提鲜。

罗勒沙司

简单！好吃！
罗勒沙司的制作方法

将罗勒与鳀鱼及松子搭配在一起，再混入适量橄榄油即可完成。这种罗勒沙司很适合与番茄类芝士美食、海鲜芝士美食、意大利面芝士美食等搭配食用。

《 **材 料** 》 **易于制作的分量**

Ⓐ《 罗勒碎末35~40g　大蒜2瓣　鳀鱼3~4片　松子10g　食盐1小勺》 橄榄油80ml

*保存小贴士

装入密闭器内，可以冷藏保存4~5日，也可以冷冻保存2~3周。

将Ⓐ放入自动食品加工机中，大致搅拌混合10秒钟左右。将橄榄油分为两份，先后倒入加工机搅拌，榨至柔滑。

肉类、蛋类芝士美食

在芝士美食里加入了鸡蛋、肉和香肠等的成菜，分量十足。同时，香草和香辛料的加入，更是将食材的美味充分激发了出来。

芝士焗香辣肉丸

咖喱风味的肉丸炸得外焦里嫩，
连口感也松脆得恰到好处。
孜然和辣椒面的独特风味，能很好地勾起食欲。

在大碗中放入 Ⓐ，用手用力揉和。

全部炒熟后，倒入番茄。

锅内放入煎炸油，将肉馅团成易于食用的大小，裹上一层低筋粉，放到油内煎炸。

煮沸后，放入步骤2中的肉丸，调至小火，炖煮5分钟左右。

将 Ⓑ 剁成碎末。平底锅内倒入橄榄油，加热，放入 Ⓑ，翻炒至食材变软。将扁豆切成三等份，放入锅内，撒上 Ⓒ。

将成品倒入芝士美食专用器皿中，撒上已撕碎的莫扎里拉奶酪，放入220℃烤箱内，烘烤10分钟左右。

《 材料 》 2~3人份

肉馅　150g

Ⓐ
洋葱（切碎末）　1/4个
鸡蛋　1/2个
面包粉、牛奶　各3大勺
咖喱粉　1小勺
食盐、胡椒粉　各少许

低筋粉　适量

Ⓑ
洋葱　1/4个
大蒜　1瓣
生姜　1片

扁豆　6根

Ⓒ
孜然粉、辣椒面、
鸡骨汤料（颗粒，清汤口味）　各1小勺

番茄（水煮罐头，块状）　250g

莫扎里拉奶酪　50g

橄榄油　1大勺

煎炸油　适量

芝士玉米焗鸡肉

温润柔软的鸡肉与小巧玲珑的玉米粒，两种不同的口感交织在一起，也是一种享受。

《 材料 》 2人份

鸡胸肉　1块
玉米　1根
洋葱　1/4个
罗勒碎末（干燥）　1/2大勺
食盐、胡椒粉　各少许
鲜奶油　3大勺
芝士粉　适量
橄榄油　适量

1 平底锅内倒入橄榄油，略微加热，放入鸡胸肉，煎至表面金黄，盛出，切成1cm宽的片，均匀摆在芝士美食专用器皿中。玉米剥下玉米粒。洋葱切碎。

2 平底锅擦净，倒入1大勺橄榄油，加热，放入玉米粒、洋葱，一起翻炒均匀，加入罗勒碎末。撒上食盐、胡椒粉，翻炒至食材变软。倒入鲜奶油，熄火，搅拌均匀。

3 在鸡胸肉上放上步骤2中的食材，撒上芝士粉，放入220℃烤箱内，烘烤10分钟左右。

要点

鸡胸肉表面容易熟，所以煎至两面金黄，里面还是半熟状态即可。这样放入烤箱内烘烤，便能烤出汤汁。

芝士卷心菜焗香肠

把经典搭配做成芝士美食，也是极美味的。
这道菜与啤酒最相配。

《 材 料 》 2~3人份

维也纳香肠　5~6根

卷心菜　1/4个

食盐、胡椒粉　各少许

白葡萄酒　2大勺

Ⓐ ⎰番茄沙司（第15页）　120g
　⎱芥末　1小勺

芝士粉　适量

橄榄油　2大勺

1 将维也纳香肠放入平底锅内，略微煎出焦色。

2 卷心菜切成5mm宽的细丝。平底锅内倒入1大勺橄榄油，加热翻炒，加入食盐、胡椒粉、白葡萄酒，翻炒至食材变软。

3 将步骤2中的食材倒入芝士美食专用器皿中，放上维也纳香肠、混合均匀的Ⓐ、剩余的橄榄油，撒上芝士粉，放入220℃烤箱内，烘烤5分钟左右。

要点

将嫩炒的卷心菜和维也纳香肠按顺序放入盘中，再浇上混有芥末的番茄沙司。

芝士沙拉麦片焗火腿扒

嫩煎的火腿上面，覆盖上食材丰盛的沙司，看着吃着都很享受。

《 材料 》 2~3人份

火腿（切厚片） 200g

麦片 80g

洋葱 1/2个

西葫芦 1/3根

番茄（小） 1个

食盐、胡椒粉 各少许

脱脂乳酪 150g

罗勒沙司（第56页） 2大勺

橄榄油 适量

食盐（盐煮用） 适量

1 火腿片切成四等份（厚1.5cm左右）。平底锅内倒入橄榄油，加热，放入火腿，煎至表面金黄。麦片盐煮10分钟，用笊篱捞出，沥干水分。洋葱、西葫芦切成边长5mm的小块。番茄去蒂，切成边长1cm的小块。

2 平底锅内倒入1/2大勺橄榄油，加热，放入洋葱、西葫芦，撒上食盐、胡椒粉，翻炒至食材变软。放入麦片，略微翻炒。

3 将一半步骤2中的食材倒入芝士美食专用器皿中，摆放好火腿，再将剩余的一半食材倒在火腿上。撒上番茄块、脱脂乳酪，浇上罗勒沙司、适量橄榄油，放入220℃烤箱内，烘烤10分钟左右。

要点

嫩炒的蔬菜和麦片像沙子一般，将火腿夹在中间。按顺序撒上切好的番茄块、脱脂乳酪、罗勒沙司。

芝士焗牛奶黄油炒蛋

软软糯糯的鸡蛋同芝士、白沙司是绝好的搭配。
做出来的芝士美食口感柔和，醇香四溢。

要点

《 材料 》 2人份

鸡蛋　3个

A 鲜奶油　2大勺

食盐、胡椒粉　各少许

披萨用芝士　20g

白沙司（第7页）适量

芝士粉　适量

黄油　20g

1 将 A 放入大碗中，混合均匀。平底锅内放入黄油，加热至熔化，将 A 倒入锅内，调至小火，缓缓搅拌，加热至食材变黏稠。

2 取两个芝士美食专用器皿，每个器皿中倒入1/4量的步骤1中的食材，撒上芝士，浇上剩余的食材。倒上白沙司，撒上芝士粉，放入220℃烤箱内，烘烤10分钟左右。

ⓐ一边轻轻搅拌蛋液，一边翻炒，炒成非常柔软的牛奶黄油炒蛋形状。
ⓑ用软软糯糯的牛奶黄油炒蛋将芝士埋起来。

Gratin Recipe

63

[part 2]

以鸡蛋为主的沙司：

法式咸派芝士美食

在盘子里放好食材，再浇上一层混有蛋黄、鲜奶油和芝士粉的法式咸派沙司，最后放进烤箱烘烤。轻轻松松便能品尝到法式咸派柔和的美味。

法式咸派风
芝士菠菜焗蘑菇

这是一盘蔬菜种类丰富、五颜六色的芝士美食。

《 材料 》 3~4人份

蘑菇　1包

菠菜　1/2捆

洋葱　1/2个

灯笼椒（红）　1/4个

食盐、胡椒粉　各少许

金枪鱼罐头　1小罐（80g）

A｜鸡蛋（取蛋黄）　1个

鲜奶油　80ml

芝士粉　2大勺

脱脂乳酪　80g

橄榄油　1大勺

1 蘑菇切成薄片。菠菜切成大段。洋葱切细丝。灯笼椒去蒂，去籽，切成细丝。

2 平底锅内倒入橄榄油，加热，放入步骤1中的食材，撒上食盐、胡椒粉，翻炒。放入金枪鱼罐头，充分混合。

3 将步骤2中的食材倒入芝士美食专用器皿中，加入混合好的Ⓐ，撒上脱脂乳酪，放入220℃烤箱内，烘烤15~20分钟。

要点

将食材翻炒后盛入芝士美食专用器皿中，浇上掺入了蛋黄的浓厚沙司。

法式咸派风
芝士茄子焗培根

鸡蛋沙司牢牢锁住了食材的鲜美。意式培根本身带有咸味，所以要根据实际情况调整盐的用量。

《 材料 》 3~4人份

意式培根　70g

茄子　1根

洋葱　1/2个

蟹味菇　50g

白葡萄酒　2大勺

红辣椒面　1小勺

食盐、胡椒粉　各少许

披萨用芝士　30g

A⎰　鸡蛋　1个
⎰　鸡蛋（取蛋黄）　1个
⎰　鲜奶油、牛奶　各45ml
⎰　食盐、胡椒粉　各少许

芝士粉、欧芹碎末　各适量

橄榄油　1大勺

1 意式培根切成1cm宽的小条。茄子去蒂，切成边长1.5cm的小块。洋葱切成边长1.5cm的小块。蟹味菇去除根部，掰开。

2 平底锅内倒入橄榄油，加热，放入意式培根，翻炒至培根略微变色。放入步骤1中的蔬菜，倒入白葡萄酒，调至大火，炖煮至酒精挥发。放入红辣椒面、食盐、胡椒粉，继续翻炒。

3 将步骤2中的食材倒入芝士美食专用器皿中，撒上披萨用芝士，倒入混合均匀的 Ⓐ。撒上芝士粉、欧芹碎末。放入220℃烤箱内，烘烤15~20分钟。

要点

撒上易与食材融合的芝士后，再倒入以鸡蛋为主的浓香沙司。

米饭、意大利面、面包芝士美食

除了多利亚饭以外，还会介绍许多热气腾腾的芝士美食，比如在意大利面和面包上浇上沙司，烘烤而成的各式各样的芝士美食。从人们所熟知的菜品到自创菜品，总有一款让你感到满足。

鸡肉番茄多利亚饭

饱含鸡肉与蔬菜鲜美的番茄沙司，
奶油般柔滑的白沙司，共同浇盖在黄油炒饭上。
这种美好的体验，让人留恋。

1
鸡腿肉切成边长1.5cm的块，撒上食盐、胡椒粉，用手揉和入味。

2
洋葱切成边长1cm的块。蘑菇去除根部，切成薄片。

3
平底锅内倒入橄榄油，加热，放入步骤1和步骤2中的食材，全部炒熟。倒入白葡萄酒。

4
向步骤3的半成品内加入番茄沙司，轻微炖煮。

5
平底锅内放入黄油，加热至熔化，倒入米饭，翻炒。

6
将步骤5中的食材盛入芝士美食专用器皿中，倒上步骤4中的食材、白沙司、芝士粉、欧芹碎末。放入220℃烤箱内，烘烤10分钟左右。

《 材 料 》 2人份

米饭　250g

黄油　25g

鸡腿肉　1/2片

食盐、胡椒粉　各少许

洋葱　1/4个

蘑菇　2个

白葡萄酒　2大勺

番茄沙司（第15页）　1杯（200ml）

白沙司（第7页）　150g

芝士粉　适量

欧芹碎末　适量

橄榄油　1/2大勺

咖喱多利亚饭

在米饭上撒上咖喱粉和芝士粉，经过烘烤就变成了人气美味——烤咖喱。
浓浓的香味和适宜的辣味让人欲罢不能。

《 材 料 》 2人份

米饭　250g

洋葱　1/2个

肉末　120g

食盐、胡椒粉　各少许

低筋粉　1½大勺

咖喱粉　1大勺

水　150ml

番茄（水煮罐头，块状）　1/2杯 （100ml）

鸡骨汤料（颗粒，清汤口味）　1/2大勺

伍斯特辣酱油　2小勺

鲜奶油　2大勺

芝士粉　适量

色拉油　1大勺

1 洋葱切碎。平底锅内倒入色拉油，加热，放入洋葱，翻炒至洋葱变软。放入肉末，撒上食盐、胡椒粉，翻炒至肉末变色，放入低筋粉、咖喱粉。

2 全部炒熟后，加入Ⓐ，混合均匀，加热3分钟左右。

3 将米饭倒入芝士美食专用器皿中，倒上步骤2中的食材、鲜奶油、芝士粉，放入220℃烤箱内，烘烤10分钟左右。

要点

将肉末炒变色后，立刻放入低筋粉勾芡，倒入咖喱粉，翻炒均匀。

三种芝士多利亚饭

这款芝士美食可谓是芝士爱好者的福音。
浓厚的芝士让人欲罢不能。
在烘烤之前，将芝士磨碎，能将美味提升一个等级。

要点

《材料》 2人份

米饭　200g

洋葱　1/4个

培根　3片

大蒜（切末）　1瓣

食盐、胡椒粉　各少许

A ┤ 水、牛奶　各150ml
　│ 鸡骨汤料（颗粒，清汤口味）　1/2小勺

蓝纹奶酪、格吕耶尔干酪、

帕马森干酪　各40g

橄榄油　1/2大勺

1 洋葱、培根切碎。

2 锅内倒入橄榄油，加热，放入大蒜，炒出香味。加入步骤1中的食材、食盐、胡椒粉，翻炒至食材变软。

3 加入米饭，充分混合。倒入 A，调至中火，炖软。

4 将步骤3中的食材倒入芝士美食专用器皿中，撒上磨好的格吕耶尔干酪、帕马森干酪，以及撕碎的蓝纹奶酪。放入220℃烤箱内，烘烤10分钟左右。

ⓐ按照顺时针方向，照片中的奶酪依次为帕马森干酪、蓝纹奶酪和格吕耶尔干酪。将3种奶酪混合在一起。

ⓑ将以牛奶为主的沙司倒入米饭中，炖煮成较黏稠的粥状。

芝士焗意大利面

把经典的意大利面做成芝士美食，独特又好吃。

《 材料 》 2人份

意大利面　80g

洋葱　1/4个

茄子　1/2根

灯笼椒　1个

番茄（稍小）　1个

维也纳香肠　3根

食盐、胡椒粉　各少许

A
　番茄酱　4大勺
　伍斯特辣酱油　1大勺
　鲜奶油　2大勺

披萨用芝士　适量

黄油　15g

色拉油　1大勺

食盐（盐煮用）　适量

1 意大利面掰成两截，按照包装袋上的说明，加盐煮熟，用笊篱捞出。

2 洋葱切细丝。茄子、灯笼椒切成边长1.5cm的块。番茄去蒂，切成边长2cm的块。维也纳香肠斜向切成四等份。

3 平底锅内倒入色拉油，加热，放入步骤2中的食材，撒食材、胡椒粉，翻炒至蔬菜变软。放入步骤1中的食材和A，混合均匀。

4 将步骤3中的食材倒入芝士美食专用器皿中，撒上芝士、弄碎的黄油，放入220℃烤箱内，烘烤7~8分钟。

要点

在意大利面上撒上芝士，再使黄油散落在各个地方，能够使菜品更加浓郁醇香。

芝士焗西蓝花螺旋面

使用意大利螺旋面能让沙司充分入味。
也可以选用其他喜欢的意大利面种类。

要点

ⓐ将西蓝花切碎，同金枪鱼罐头一同混入沙司中。再放入煮好的意大利螺旋面，混合入味。
ⓑ在意大利螺旋面上浇满白沙司，再放上足量的芝士烘烤。

《 材 料 》 2人份

意大利螺旋面　80g
西蓝花　1/2棵
大蒜　1瓣
金枪鱼罐头　1小罐（80g）
Ⓐ 罗勒沙司（第56页）　1大勺
白葡萄酒　2大勺
白沙司（第7页）　适量
披萨用芝士　适量
橄榄油　1/2大勺
食盐（盐煮用）　适量

1 西蓝花切碎。大蒜切成碎末。意大利螺旋面按照包装袋上的说明，加盐煮熟，用笊篱捞出。

2 平底锅内倒入橄榄油，加热，放入西蓝花、大蒜，翻炒。加入Ⓐ，翻炒均匀。倒入意大利螺旋面，充分混合。

3 将步骤2中的食材倒入芝士美食专用器皿中，浇上白沙司，撒上芝士，放入220℃烤箱内，烘烤10分钟左右。

芝士番茄沙司焗鸡肉古斯米

古斯米的加入让芝士美食有了一股浓浓的民族风情。古斯米里吸收了足量的沙司，异常美味。

〖 材料 〗 2人份

古斯米　60g

黄油　20g

鸡翅根　6个

食盐、胡椒粉　各少许

白葡萄酒　3大勺

香菜粉　1小勺

番茄沙司（第15页）150g

鲜奶油　3大勺

芝士粉　适量

欧芹碎末　适量

色拉油　1/2大勺

古斯米

用硬质小麦粉制成的颗粒状意大利面食。沙沙的口感魅力十足。除了用于煲汤和炖菜以外，也常用于制作沙拉。

1

鸡翅根撒食盐、胡椒粉，用手揉和入味，静置10分钟左右。

2

平底锅内倒入色拉油，加热，倒入步骤1中的食材，煎至鸡翅根表面有焦色。倒入白葡萄酒。

3

盖上盖子，调至小火，炖煮5分钟左右。倒入香菜粉，翻炒。

4

向步骤3内倒入番茄沙司，轻微炖煮。

5

古斯米按照包装袋上的说明蒸熟，裹上黄油，放入芝士焗菜专用器皿中。摆上步骤4中的食材，倒上鲜奶油、芝士粉、欧芹碎末，放入220℃烤箱内，烘烤10分钟左右。

芝士焗长棍面包维也纳香肠

水芹淡淡的苦味为芝士美食增添了一抹独特。很适合作小吃、简单的小菜。

《 **材料** 》 2~3人份

长棍面包　8cm

维也纳香肠　2根（200g）

水芹　1/2捆

番茄沙司（第15页）　100g

切达干酪　50g

橄榄油　适量

1 平底锅内放入维也纳香肠，表面煎出焦色，斜向切成4~5等份。

2 长棍面包切成四等份。平底锅内倒入橄榄油，加热，轻轻煎出焦色。再次切半。

3 将步骤1和步骤2中的食材倒入芝士美食专用器皿中。将水芹切成易于食用的大小，撒在上面。放上番茄沙司、削成薄片的切达干酪。放入220℃烤箱内，烘烤8分钟左右。

要点

ⓐ 长棍面包用橄榄油煎过之后，风味更足。

ⓑ 放入面包和食材后，浇上番茄沙司。最后再摆上奶油般浓香的切达干酪。

《 材料 》 2人份

长棍面包　1/3根

洋葱　1/4个

卷心菜　2片

大蒜　1瓣

鳀鱼　3~4片

食盐、胡椒粉　各少许

鲜奶油　50ml

披萨用芝士　40g

黑橄榄（去核）　3粒

橄榄油　1大勺

1 长棍面包纵向切半，洋葱切细丝。卷心菜切成丝。大蒜、鳀鱼切碎。黑橄榄切成小圆圈。

2 平底锅内倒入橄榄油，加热，放入大蒜、鳀鱼，翻炒出香味。放入洋葱、卷心菜，撒上食盐、胡椒粉，继续翻炒。

3 待蔬菜炒软后，倒入鲜奶油，炖煮至汤汁只剩一半左右。加入芝士，使其熔化。

4 每片长棍面包上均匀摆上步骤3中的食材，撒上黑橄榄，放入220℃烤箱内，烘烤5分钟左右。

要点

鲜奶油煮好后，放入芝士，充分熔化，让沙司的味道更加浓郁悠长。

披萨风芝士焗长棍面包

原本融于芝士沙司里的鲜美也丝丝渗入了长棍面包里。

热腾腾的烘培甜点

（可依据个人喜好用黄油代替芝士制作，或不放。）

芝士焗水果是将水果与蛋奶羹和巧克力酱等甜甜的沙司混合烘培而成的。还有表面烤得焦脆的焦糖布丁。接下来就将介绍这些热腾腾的软糯可口的甜点。

芝士葡萄干焗苹果

做好了沙司之后，只需将切好的苹果和葡萄干放在一起烘烤即可。

〖 材 料 〗 4人份

苹果　1个

　酸奶油　75g

　绵白糖　15g

Ⓐ　香草精　少许

　鸡蛋（小）　1个

葡萄干　35g

无盐黄油（代替芝士）　10g

1 苹果切成4瓣，去核，切成1cm厚的片。

2 除鸡蛋外，将Ⓐ中其他食材倒入碗中，充分混合。将搅好的鸡蛋一点点地淋上去，用打泡器将食材充分混合。

3 在步骤2中的食材上放上苹果和葡萄干，搅拌均匀，倒入芝士美食专用器皿中，放入无盐黄油。放入190℃的烤箱内，烘烤5分钟左右。

要点

沙司里带有一种恰到好处的酸味和温润的甜香。用沙司包裹住水果后，再放入烤箱烘烤。

焦糖布丁

焦糖布丁的表面焦脆浓香，内里软糯可口。口感的强烈对比让人着迷。

《 材 料 》 容量100ml的法式小盅蛋烤碗 4个

鲜奶油　200ml

牛奶　80ml

香草豆　1/2根

鸡蛋（取蛋黄）3个

砂糖　30g

绵白糖　适量

1 锅内倒入鲜奶油、牛奶，用菜刀刮香草豆放入锅内。加热煮沸。

2 将蛋黄、砂糖放入碗内，充分混合，将步骤1中的食材一点点地倒入碗内，避免起泡，充分混合。用笊篱过滤。

3 将步骤2中的食材倒入小盅蛋烤碗内，摆在烤盘上，注入热水，放入130℃的烤箱内，烘烤40分钟左右。放凉后，放入冰箱内冷藏。

4 在步骤3的食材上，撒绵白糖，用喷燃器烤出焦色。放入冰箱内冷藏。

要点

ⓐ向小碗内注入热水，大约至一半容积左右，蒸烤。中途如果量减少了，可再添加。

ⓑ用喷燃器在表面烤出焦糖色。

芝士巧克力焗香蕉

黏糯香甜的香蕉和浓香的巧克力组合在一起。
巧克力丝丝滑滑地流出来，太诱人了！

《 材 料 》　容量250ml的法式小盅蛋烤碗 2个

香蕉　1/2根

甜巧克力　150g

A {
无盐黄油　80g（代替芝士）

绵白糖　30g

鸡蛋　3个

低筋粉　30g

朗姆酒　1大勺
}

1　香蕉去皮，切成薄片。

2　碗内放入切碎的甜巧克力，倒入热水溶化。
　　按顺序放入A中的食材，用打泡器混合均匀。

3　将步骤2中的食材等分，放入小盅蛋烤
　　碗内，摆上香蕉，放入170℃的烤箱内，
　　烘烤10分钟左右。

要点

在巧克力里加
入朗姆酒能够
增添甜香的味
道，使味道更
加浓醇。

蓝莓蛋奶羹

清新多汁的蓝莓与浓郁的蛋奶沙司，搭配得刚刚好。

《 材 料 》 容量450~500ml的芝士美食专用器皿 1个

牛奶　200ml

A
鸡蛋（取蛋黄）　2个
绵白糖　35g
低筋粉　20g

鲜奶油　100ml

蓝莓　适量

绵白糖　少许

1 锅内倒入牛奶煮至温热。

2 将 A 倒入碗内，搅拌均匀。将步骤1中的牛奶一点点地淋入，混合均匀。

3 将步骤2中的食材倒入锅内，充分混合，加热至黏稠。倒入鲜奶油，再次混合均匀。

4 将步骤3中的食材倒入芝士美食专用器皿中，撒上蓝莓、绵白糖，放入220℃烤箱内，烘烤5分钟左右。

要点

将蛋奶煮至如图所示的黏稠状后，再加入鲜奶油。

将蛋奶羹倒入芝士美食专用器皿中后，将蓝莓撒在各个角落。

热腾腾的芝士美食，总是让人欲罢不能。

本书共收录了71款美味芝士菜谱，从用白沙司、肉酱沙司、番茄沙司等来制作的经典芝士美食，到别具特色的蔬菜杯式芝士美食，每道都能够满足你的味蕾，带给你细腻缠绵、层次丰富的绝佳味觉体验。

本书步骤详细，要点提示清晰明了。不需要到西餐厅，只要按照书中的方法，你也能做出地道正宗的芝士美食。

图书在版编目（CIP）数据

71道超好吃的芝士美食 /（日）太田静荣著；侯天依译. —北京：化学工业出版社，2017.5
ISBN 978-7-122-29238-4

Ⅰ．①7… Ⅱ．①太… ②侯… Ⅲ．①食谱
Ⅳ．①TS972.12

中国版本图书馆CIP数据核字（2017）第045034号

北京市版权局著作权合同登记号：01-2016-0535

责任编辑：王丹娜 李 娜　　　　　内文排版：北京八度出版服务机构
责任校对：吴 静　　　　　　　　　封面设计：▦周周设计局
文字编辑：李锦侠

出版发行：化学工业出版社（北京市东城区青年湖南街13号　邮政编码100011）
印　　装：北京东方宝隆印刷有限公司
889mm×1194mm　1/16　印张5　字数100千字　2017年9月北京第1版第1次印刷

购书咨询：010-64518888（传真：010-64519686）　售后服务：010-64518899
网　　址：http://www.cip.com.cn
凡购买本书，如有缺损质量问题，本社销售中心负责调换。

定　　价：49.80元　　　　　　　　　　　　　　　版权所有　违者必究